ATLAS

DES

PLANTES DE JARDINS

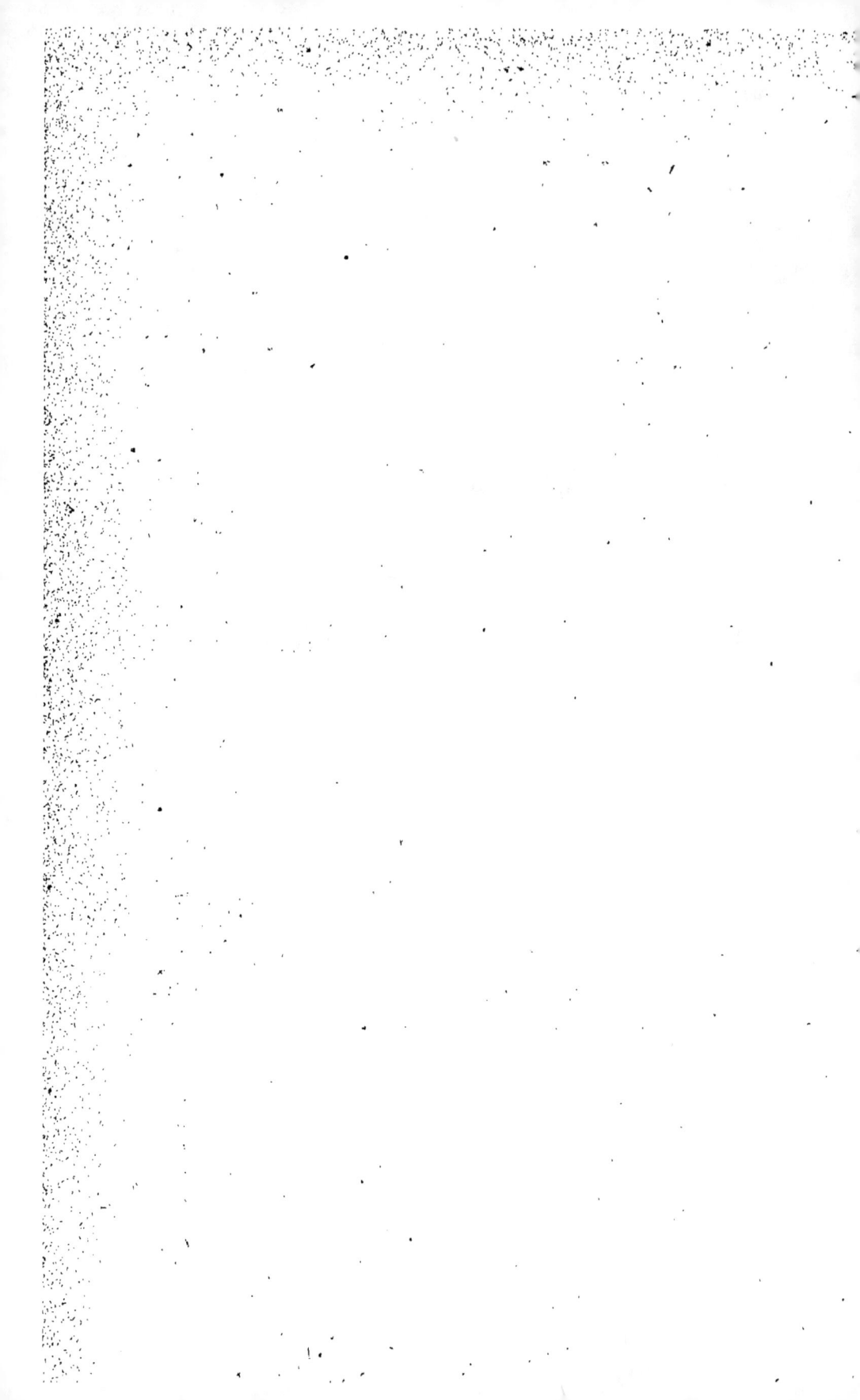

ATLAS

DES

PLANTES DE JARDINS

ET D'APPARTEMENTS

Exotiques et Européennes

320 PLANCHES COLORIÉES INÉDITES, DESSINÉES D'APRÈS NATURE

REPRÉSENTANT 370 PLANTES

ACCOMPAGNÉES D'UN TEXTE EXPLICATIF

DONNANT LA DESCRIPTION, L'ORIGINE, LE MODE DE CULTURE, DE MULTIPLICATION

ET LES USAGES DES FLEURS LES PLUS GÉNÉRALEMENT CULTIVÉES

PAR

D. BOIS

Assistant de la Chaire de Culture au Muséum d'Histoire naturelle de Paris,

Secrétaire-Rédacteur de la Société Nationale d'Horticulture de France.

PLANCHES 161 à 320

PARIS

LIBRAIRIE DES SCIENCES NATURELLES

PAUL KLINCKSIECK, ÉDITEUR

52, rue des Écoles (en face de la Sorbonne)

—

1896

LISTE DES PLANCHES 161 à 320

CONTENUES DANS CE VOLUME

Composées (suite.)

Planches.

161. *Gazanie remarquable.* — Gazania splendens Hort.
  — La planche porte par erreur *Gazania speciosa.* —
162. *Bleuet vivace.* — Centaurea montana L.
163. *Immortelle annuelle.* — Xeranthemum annuum L.

Campanulacées.

164. *Carillon.* — Campanula Medium L.
165. *Pyramidale.* — Campanula pyramidalis L.
166. *Cloche.* — Campanula persicifolia.

Lobéliacées.

167. A. *Lobélie Erine.* — Lobelia Erinus L.
  B. *Isotoma axillaire.* — Isotoma axillaris Lindl.
  — La planche porte par erreur *I. longiflora.* —
168. *Lobélie cardinale.* — Lobelia cardinalis L.

Éricacées.

169. *Bruyère de Wilmore.* — Erica Wilmoreana Knowl et West.
170. *Bruyère à anthères noires.* — Erica melanthera L.
171. *Azalée de l'Inde.* — Azalea indica L.

Épacridées.

172. *Epacris imprimé.* — Epacris impressa Labill.

Plombaginées.

173. *Staticé à larges feuilles.* — Statice latifolia Smith.
174. *Gazon d'Olympe.* — Armeria maritima Willd.
175. *Dentelaire de Lady Larpent.* — Ceratostigma plumbaginoides Bunge.

Primulacées.

176. *Primevère à grande fleur.* — Primula grandiflora Lamk.
177. *Primevère des jardins.* — Primula variabilis Goupil.
178. *Oreille d'Ours.* — Primula Auricula L.
179. *Primevère du Japon.* — Primula japonica A. Gray.
180. *Primevère de Chine.* — Primula sinensis Lindl.
181. *Cyclamen de Perse.* — Cyclamen persicum Mill.

Jasminées.

182. *Jasmin.* — Jasminum officinale L.

Oléacées.

183. *Lilas Charles X.* — Syringa vulgaris L.
184. A. *Lilas de Perse.* — Syringa persica L.
  B. *Lilas Varin.* — Syringa persica L., var. dubia.

Apocynées.

185. *Pervenche de Madagascar.* — Vinca rosea L.
186. *Laurier rose.* — Nerium Oleander L.

Asclépiadées.

187. *Asclepias de Curaçao.* — Asclepias curassavica L.
  — La planche porte par erreur *Asclepias curassica.* —

Gentianées.

188. *Gentiane acaule.* — Gentiana acaulis L.

Polémoniacées.

189. A. *Phlox à feuilles sétacées.* — Phlox setacea L.
  B. *Phlox printanier.* — Phlox verna Sweet.
190. *Phlox de Drummond.* — Phlox Drummondii Hook.
191. *Phlox paniculé.* — Phlox paniculata L., var.
192. *Gilia à fleurs d'Androsace.* — Gilia (Leptosiphon) androsacea Steud.
193. A. *Gilia à feuilles de Coronopus.* — Gilia (Ipomopsis) coronopifolia Pers.
  B. *Gilia tricolore.* — Gilia tricolor Benth.
194. *Collomia à fleurs écarlates.* — Collomia coccinea Lehm.

Planches.
195. *Valériane grecque.* — Polemonium cœrulcum L.
196. *Cobéa.* — Cobæa scandens Cav.

Hydrophyllées.

197. *Némophile remarquable.* — Nemophila insignis Benth.

Boraginées.

198. *Héliotrope.* — Heliotropium peruvianum L.
199. *Cynoglosse printanière.* — Omphalodes verna Mœnch.
200. *Myosotis alpestre.* — Myosotis alpestris Schmidt.

Convolvulacées.

201. *Volubilis.* — Ipomæa purpurea Lamk.
202. *Belle de jour.* — Convolvulus tricolor L.
203. A. *Liseron écarlate.* — Ipomæa coccinea L.
     B. *Ipomée Quamoclit.* — Ipomæa Quamoclit L.

Solanées.

204. *Amomum.* — Solanum Pseudo-capsicum L.
205. *Datura sanguinea* Ruiz et Pav.
206. *Pétunias hybrides.*
207. *Niérembergie frutescente.* — Nierembergia frutescens Duricu.

Scrophularinées.

208. *Salpiglossis sinué.* — Salpiglossis sinuata R. et Pav.
209. A. *Schizanthus à feuilles pinnées.* — Schizanthus pinnatus R. et Pav.
     B. *Schizanthus émoussé.* — Schizanthus retusus Hook.
210. *Calcéolaire herbacée.*
211. *Calcéolaire ligneuse.* — Calceolaria rugosa Ruiz et Pav.
212. *Alonsoa à feuilles incisées.* — Alonsoa incisifolia Ruiz et Pav.
213. *Linaire pourpre.* — Linaria bipartita Willd.
214. *Maurandia de Barclay.* — Maurandia Barclayana Lindl.
215. *Pentstémon des jardins.* — Pentstemon gentianoides G. Don.
216. *Collinsie bicolore.* — Collinsia bicolor Benth.
217. *Nyctérinie à port de Sélagine.* — Zaluzianskya (Nycterinia) selaginoides Walp.
218. *Mimule Arlequin.* — Mimulus luteus L., variegatus.
219. *Torénia de Fournier.* — Torenia Fournieri Lind.
220. *Véronique de Hooker.* — Veronica speciosa Cunningh.
221. *Véronique maritime.* — Veronica longifolia L.
222. *Gloxinia.* — Sinningia speciosa Hiern.

Bignoniacées.

223. *Eccrémocarpe grimpant.* — Eccremocarpus scaber Ruiz et Pav.

Acanthacées.

224. *Libonia.* — Libonia floribunda C. Koch.

Myoporinées.

225. *Myoporum à petites feuilles.* — Myoporum parvifolium R. Br.

Verbénacées.

226. *Camara.* — Lantana Camara L.
227. A. *Verveine de Miquelon.* — Verbena Aubletia L.
     B. *Verveine délicate.* — Venera tenera Spreng.
228. *Verveines des jardins.*

Labiées.

229. *Coléus hybrides.*
230. *Sauge éclatante.* — Salvia splendens Ker.
231. *Lamier maculé.* — Lamium maculatum L.

Nyctaginées.

232. *Belle de Nuit.* — Mirabilis jalapa L.

Polygonées.

233. *Persicaire d'Orient.* — Polygonum orientale L.

Amarantacées.

234. *Amarante Queue de Renard.* — Amarantus caudatus L.
235. *Amarante tricolore.* — Amarantus melancholicus L., var. tricolor.
236. *Crête de coq.* — Celosia cristata L.

Planches.

237. *Irésiné de Herbst.* — Iresine Herbstii Hook.
 A. var. acuminata. — B. var. aureo-reticulata.
238. *Alternanthéra.*
 A. Telanthera amœna Rgl. — B. Telanthera versicolor Rgl.
239. *Amarantoïde.* — Gomphrena globosa L.

Artocarpées.

240. *Caoutchouc.* — Ficus elastica Roxb.

Euphorbiacées.

241. *Ricin.* — Ricinus communis L.

Conifères.

242. *Araucaria élevé.* — Araucaria excelsa R. Br.

Orchidées.

243. A. Masdevallia Harryana Rchb. f.
 B. Masdevallia geminata Rchb. f.
 C. Masdevallia Chimæra Rchb. f.
244. *Dendrobium noble.* — Dendrobium nobile Lindl.
245. *Dendrobium de Farmer, var. dorée.* — Dendrobium Farmerii Paxt., var. aureum.
246. *Cattleya de Moss.* — Cattleya labiata Lindl., var. Mossiæ.
247. *Lælia pourpré.* — Lælia purpurata Lindl. et Paxt.
248. *Lycaste de Skinner.* — Lycaste Skinneri Lindl.
249. *Odontoglossum crispé.* — Odontoglossum crispum Lindl.
250. *Oncidium de Forbes.* — Oncidium Forbesii Hook.
251. *Phalænopsis de Schiller.* — Phalænopsis Schilleriana Rchb. f.
252. *Vanda tricolore.* — Vanda tricolor Lindl.
253. *Aerides de lady Laurence.* — Aerides Lawrenciæ Rchb. f.
254. *Cypripédium remarquable.* — Cypripedium insigne Wall.

Scitaminées.

255. *Maranta de Kerchove.* — Maranta leuconeura Morr., var. Kerchovei.
256. *Cannas hybrides à grandes fleurs.*

Broméliacées.

257. Karatas (Nidularium) Carolinæ Antoine.
258. *Æchmea brillant.* — Æchmea fulgens Brongt.
259. *Billbergia à fleurs penchées.* — Billbergia nutans Wendl.
260. *Tillandsia éclatant.* — Tillandsia (Vriesea) splendens Brongt.

Iridées.

261. *Iris réticulé.* — Iris reticulata M. Bieb.
262. *Iris nain.* — Iris pumila L.
263. *Tigridia Œil de Paon.* — Tigridia Pavonia Ker.
264. A. *Safran à fleur jaune.* — Crocus luteus Lamk.
 B. *Safran printanier.* — Crocus vernus All.
 — La planche porte par erreur le numéro 268. —
265. *Ixia maculé.* — Ixia maculata L.
266. *Glaïeul de Gand.* — Gladiolus gandavensis Hort.

Amaryllidées.

267. A. *Jonquille.* — Narcissus Jonquilla L.
 B. *Porillon.* — Narcissus Pseudo-Narcissus L.
268. A. *Narcisse tout blanc.* — Narcissus polyanthos Loisel.
 B. *Narcisse de Constantinople.* — Narcissus Tazetta L.
 C. *Le même à fleurs doubles.*
269. *Amaryllis pourpre.* — Vallota purpurea Herb.
270. *Lis Saint-Jacques.* — Sprekelia (Amaryllis) formosissima Heist.
271. *Clivie écarlate.* — Clivia (Imantophyllum) miniata Hort.
272. *Ixiolirion de Pallas.* — Ixiolirion Pallasii Fisch. et Mey.
273. *Tubéreuse.* — Polianthes tuberosa L.

Liliacées.

274. *Aspidistra.* — Aspidistra elatior Morren et Dene.
275. *Lin de la Nouvelle-Zélande.* — Phormium tenax Forst.
276. *Hémérocalle bleue.* — Funkia ovata Spreng.
277. *Tritome Faux-Aloès.* — Kniphophia (Tritoma) aloides Mœnch.
278. *Aloès à feuilles très rudes.* — Aloe (Gasteria) scaberrima Salm-Dyk.

Planches.

279. *Aloès arborescent.* — Aloe arborescens Mill.
280. *Yucca filamenteux.* — Yucca filamentosa L.
281. *Dracæna à feuillage coloré.* — Cordyline terminalis Kunth.
282. *Agapanthe à ombelle.* — Agapanthus umbellatus L'Hérit.
283. *Triléléia.* — Brodiæa (Triteleia) uniflora Benth.
284. A. *Jacinthe chevelue.* — Muscari comosum L.
    B. *Muscari monstrueux.* — Muscari plumosum L., var. monstruosa.
    C. *Lilas de terre.* — Muscari comosum L., var. plumosa.
285. *Jacinthe.* — Hyacinthus orientalis L.
    — La planche porte par erreur le numéro 305. —
286. *Scille de Sibérie.* — Scilla sibirica L.
287. *Lis doré du Japon.* — Lilium auratum Lindl.
288. *Lis safrané.* — Lilium croceum Chaix.
289. *Lis blanc.* — Lilium candidum L.
290. *Lis brillant.* — Lilium speciosum Thunb.
291. *Damier.* — Fritillaria Meleagris L.
292. *Tulipe des jardins.* — Tulipa Gesneriana L.
    — La planche porte par erreur le numéro 294. —
293. *Tulipe Duc de Thol.* — Tulipa suaveolens Roth.
294. *Tulipe Dragonne.* — Tulipa turcica Roth.

Pontédériacées.

295. *Eichhornie à fleurs bleues.* — Eichhornia azurea Kunth.

Palmiers.

296. *Kentia de Belmore.* — Howea Belmoreana Becc.
297. *Dattier épineux.* — Phœnix spinosa Thonn.
298. *Palmier à Chanvre.* — Trachycarpus excelsus Wendl.
299. *Latania.* — Livistona sinensis R. Br.
300. *Cocotier de Weddell.* — Leopoldinia pulchra Mart.

Pandanées.

301. *Vaquois de Veitch.* — Pandanus Veitchi Hort.

Aroïdées.

302. *Caladium à feuilles colorées.*
    — La planche porte par erreur le numéro 303. —
303. *Arum d'Afrique.* — Richardia africana Knth.
304. *Anthurium de Scherzer.* — Anthurium Scherzerianum Schott.

Naïadées.

305. *Aponogéton à deux épis.* — Aponogeton distachyum Thunb.

Cypéracées

306. *Cypérus à feuilles alternes.* — Cyperus alternifolius L.
307. *Chevelure de Nymphe.* — Scirpus cernuus Vahl.

Graminées.

308. A. *Plumet.* — Stipa pennata L.
    B. *Pennisétum à longs styles.* — Pennisetum longistylum Hochst.
309. *Chiendent panaché.* — Phalaris arundinacea L., var. picta.
310. A. *Tremblette à gros épillets.* — Briza maxima L.
    B. *Gros Minet.* — Lagurus ovatus L.
    C. *Canche élégante.* — Aira pulchella Willd.

Lycopodiacées.

311. *Lycopode de Martens.* — Selaginella Martensii Spring.

Fougères.

312. A. *Aspidium à aiguillons.* — Aspidium aculeatum Sw.
    B. Aspidium aculeatum, var. subtripinnatum.
313. *Aspidie à pinnules en faux.* — Aspidium falcatum Sw.
314. *Asplénium Nid d'Oiseau.* — Asplenium Nidus L.
315. *Fougère d'Allemagne.* — Struthiopteris germanica Willd.
316. *Ptéride argentée.* — Pteris quadriaurita Retz., var. argyræa.
317. *Ptéride dentelée.* — Pteris serrulata L.
318. *Adiante à feuilles en coin.* — Adiantum cuneatum Langsd. et Fisch.
319. *Adiante à feuilles trapéziformes.* — Adiantum trapeziforme L.
    — La planche porte par erreur le numéro 318. —
320. *Fougère dorée.* — Gymnogramme chrysophylla Swartz., var. Laucheana.

Pl. 160. Souci. Calendula officinalis L.

Famille des Composées.

Gazanie remarquable. Gazania speciosa Less.

Famille des Composées.

Pl. 162. Bleuet vivace. Centaurea montana L.

Famille des Composées.

Pl. 163. Immortelle annuelle. Xeranthemum annuum L.

Famille des Composées.

Pl. 164. *Carillon.* Campanula Medium L.

Famille des Campanulacées.

Pl. 165. Pyramidale. Campanula pyramidalis L.

Famille des Campanulacées.

Pl. 166. Cloche. Campanula persicifolia L.

Famille des Campanulacées.

⌂ *Pl. 167.*

A. Lobelia erinus L.   *B.* Isotoma longiflora Presl.

Famille des Lobéliacées.

Pl. 168. Lobelia cardinalis L.

Famille des Lobéliacées.

△ *Pl. 169.*

Bruyère de Wilmore. Erica Wilmoreana   Knowl. et West.

Famille des Éricacées.

△ *Pl.170. Bruyère à anthères noires.* Erica melanthera L.

Famille des Ericacées.

⌂ *Pl. 171. Azalée de l'Inde.* Azalea indica L.

Famille des Ericacées.

⌂ *Pl. 172.* Epacris impressa Labill.

Famille des Epacridées.

Pl. 173. Statice à larges feuilles. Statice latifolia Smith.

Famille des Plombaginées.

Pl. 174. Gazon d'olympe. Armeria maritima Willd.

Famille des *Plombaginées.*

Pl. 175. Dentelaire de Lady Larpent.
Ceratostigma plumbaginoides Bunge.

Famille des Plombaginées.

PL. 176.

Primevère à grande fleur. Primula grandiflora Lamk.

Famille des Primulacées.

Pl. 177.

Primevère des jardins. Primula variabilis Goupil.

Famille des Primulacées.

Pl. 178. Oreille d'Ours. Primula Auricula L.

Famille des Primulacées.

Pl. 179. Primevère du Japon. Primula japonica A. Gray.

Famille des Primulacées.

⌂ *Pl. 180. Primevère de Chine.* Primula sinensis Lindl.

Famille des Primulacées.

1

⌂ *Pl. 181. Cyclamen de Perse*. Cyclamen persicum Mill.

Famille des Primulacées.

Pl. 182. Jasmin. Jasminum officinale L.

Famille des Jasminées

Pl. 183. Lilas Charles X. Syringa vulgaris L.

Famille des Oléacées.

Pl. 184.

A. Lilas de Perse. Syringa persica L. B. Lilas Varin. Syringa persica L. var. dubia.

Famille des Oléacées.

⌂ *Pl. 185. Pervenche de Madagascar.* Vinca rosea L.

Famille des Apocynées.

⌂ *Pl. 186. Laurier rose.* Nerium Oleander L.

Famille des Apocynées.

⌂ *Pl. 187.*

Asclépias de Curaçao. Asclepias curassica L.

Famille des Asclépiadées.

Pl. 188. Gentiane acaule. Gentiana acaulis L.

Famille des Gentianées.

Pl. 189. *A. Phlox à feuilles sétacées.* Phlox setacea L.

B. Phlox printanier. Phlox verna Sweet.

Famille des Polémoniacées.

Pl. 190.

Phlox de Drummond. Phlox Drummondii Hook.

Famille des Polémoniacées.

Pl. 191. Phlox paniculé. Phlox paniculata L.,var.

Famille des Polémoniacées.

Pl. 192.

Gilia à fleurs d'Androsace. Gilia (Leptosiphon) androsacea Steud.

Famille des Polémoniacées.

Pl. 193. A. Gilia (Ipomopsis) coronopifolia Pers.

B. Gilia tricolor Benth.

Famille des Polémoniacées.

Pl. *194*. Collomia coccinea Lehm.

Famille des Polémoniacées.

Pl. 195. *Valériane grecque.* Polemonium cœruleum L.

Famille des Polémoniacées.

⌂ *Pl.196. Cobéa.* Cobæa scandens Cav.

Famille des Polémoniacées.

Pl. 197.

Némophile remarquable. Nemophila insignis Benth.

Famille des Hydrophyllées.

1.

⌂ *Pl. 198. Héliotrope.* Heliotropium peruvianum L.

Famille des Borraginées.

Pl. 199.

Cynoglosse printanière. Omphalodes verna Mœnch.

Famille des Boraginées.

Pl. 200.

Myosotis alpestre. Myosotis alpestris Schmidt.

Famille des Borraginées.

Pl. 201.

Volubilis. Ipomæa purpurea Lamk.

Famille des Convolvulacées.

Pl. 202. Belle de jour. Convolvulus tricolor L.

Famille des Convolvulacées.

Pl. 203. A. *Liseron écarlate*. Ipomæa coccinea L.

B. *Ipomée Quamoclit*. Ipomæa Quamoclit L.

Famille des Convolvulacées.

Pl.204.*Amomum.* Solanum Pseudo-capsicum L.

Famille des Solanées.

⌂ *Pl. 205.* Datura sanguinea Ruiz et Pav.

Famille des Solanées.

Pl. 206. *Pétunias hybrides.*

Famille des Solanées.

△ *Pl. 207.* Nierembergia frutescens Durieu.

Famille des Solanées.

Pl. 208. Salpiglossis sinuata R. et Pav.

Famille des Scrophularinées.

Pl. 209. A. Schizanthus pinnatus Ruiz et Pav.
B. Schizanthus retusus Hook.

Famille des Scrophularinées.

☖ *Pl. 210. Calcéolaire herbacée. (Hybride)*

Famille des Scrophularinées.

⌂ *Pl. 211.*

Calcéolaire ligneuse. Calceolaria rugosa Ruiz et Pav.

Famille des *Scrophularinées.*

Pl. 212. Alonsoa incisifolia Ruiz. et Pav.

Famille des Scrophularinées.

Pl. 213. *Linaire pourpre*. Linaria bipartita Willd.

Famille des *Scrophularinées*.

Pl. 214.

Maurandia de Barclay. Maurandia Barclayana Lindl.

Famille des *Scrophularinées*

Pl. 215. Pentstemon gentianoides G. Don.

Famille des Scrophularinées.

Pl. 216. Collinsia bicolor Benth.
Famille des Scrophularinées.

Pl. 217. Nyctérinie à port de Sélagine.

Zaluzianskya (Nycterinia) selaginoides Walp.

Famille des Scrophularinées.

Pl. 218.

Mimule Arlequin. Mimulus luteus L., variegatus.

Famille des Scrophularinées.

Pl. 219. Torénia de Fournier: Torenia Fournieri J. Lind.

Famille des Scrophularinées.

🏠 *Pl. 220.*

Véronique de Hooker. Veronica speciosa Cunningh.

Famille des Scrophularinées.

1

2

3

Pl. 221. *Véronique maritime.* Veronica longifolia L.

Famille des Scrophularinées

⌂ *Pl. 222. Gloxinia*. Sinningia speciosa Benth. et Hook.

Famille des Gesneriacées.

Pl. 223. Eccremocarpus scaber Ruiz et Pav.

Famille des Bignoniacées.

⌂ *Pl. 224. Libonia.* Libonia floribunda C. Koch.

Famille des Acanthacées.

Pl. 225.

Myoporum à petites feuilles. Myoporum parvifolium R.Br.

Famille des Myoporinées.

⌂ *Pl. 226.* Camara. Lantana Camara L.

Famille des Verbénacées.

Pl. 227. A. Verveine de Miquelon. Verbena Aubletia L.
B. Verveine délicate. Verbena tenera Spreng.
Famille des Verbénacées.

Pl. 228. Verveines des jardins (Verveines hybrides).

Famille des Verbénacées.

⌂ *Pl. 229.* Coléus hybrides.

Famille des Labiées.

△ *Pl. 230. Sauge éclatante*. Salvia splendens Ker.

Famille des Labiées.

Pl.231. Lamium maculatum L.

Famille des Labiées.

Pl. 232. Belle de Nuit. Mirabilis jalapa L.

Famille des Nyctaginées.

Pl. 233. Persicaire d'Orient. Polygonum orientale L.

Famille des Polygonées.

Pl. 234.

Amarante queue de Renard. Amarantus caudatus L.

Famille des Amarantacées.

Pl. 235.

Amarante tricolore. Amarantus melancholicus L.,
var. tricolor.

Famille des Amarantacées.

Pl. 236. *Crête de Coq.* Celosia cristata L.

Famille des Amarantacées.

Pl. 237. Iresine Herbstii Hook.
A. var. acuminata *B.* var. aureo-reticulata.
Famille des Amarantacées.

⌂ *Pl. 238. Alternanthéra. A.* Telanthera amæna Rgl.
B. Telanthera versicolor Rgl.

Famille des Amarantacées.

Pl. 239. Amarantoïde. Gomphrena globosa L.

Famille des Amarantacées.

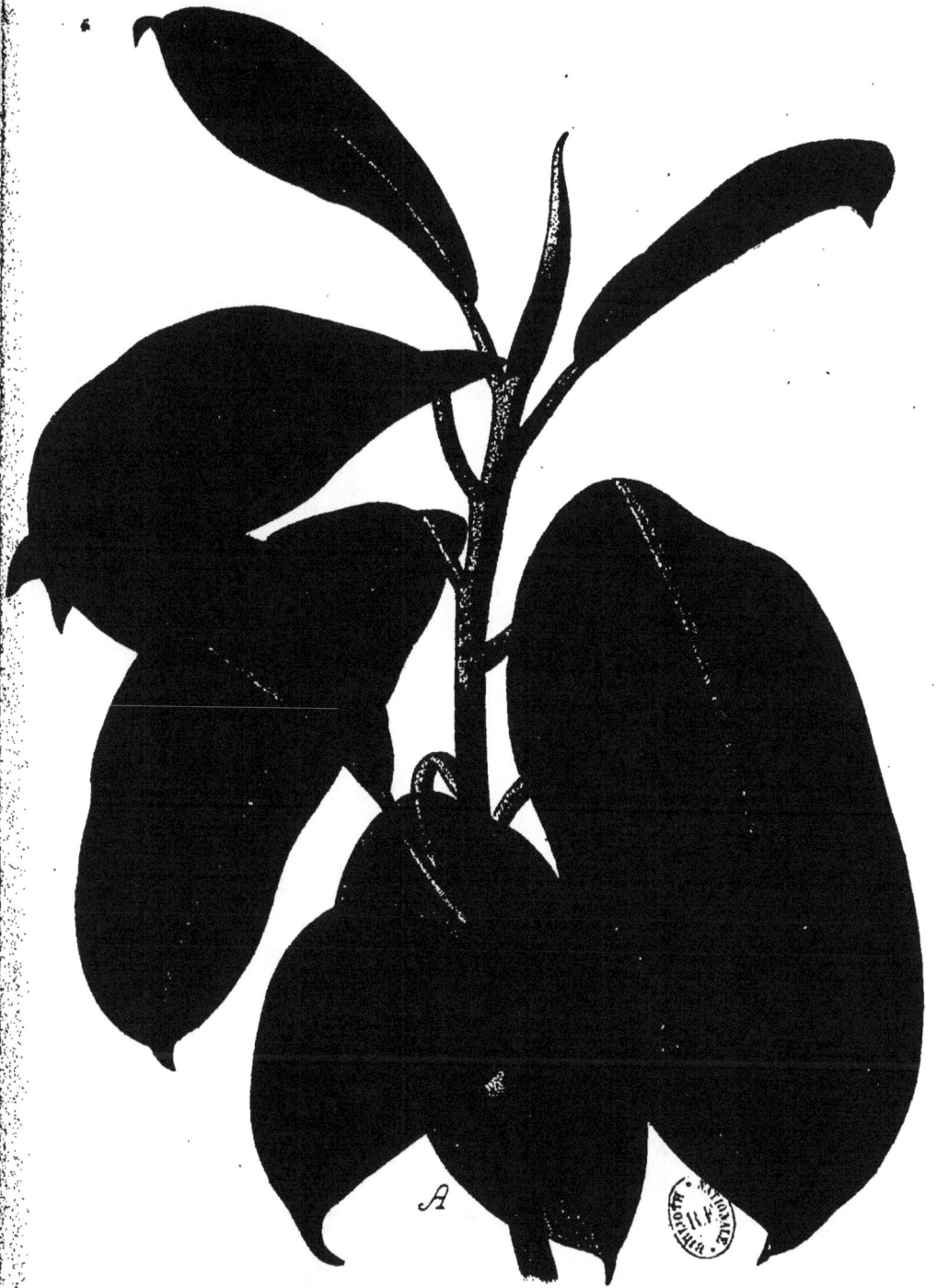

A

⌂ *Pl. 240. Caoutchouc.* Ficus elastica Roxb.

Famille des Artocarpées.

Pl. 241. *Ricin.* Ricinus communis L.

Famille des Euphorbiacées.

⌂*Pl.242. Araucaria élevé.* Araucaria excelsa R. Br.

Famille des Conifères.

B. HERINCQ

⌂ *Pl.243. A.* Masdevallia Harryana Rchb.f.
  B. Masdevallia gemmata Rchb.f.
  C. Masdevallia Chimæra Rchb.f.
  Famille des Orchidées.

Pl. 244. Dendrobium nobile Lindl.

Famille des Orchidées.

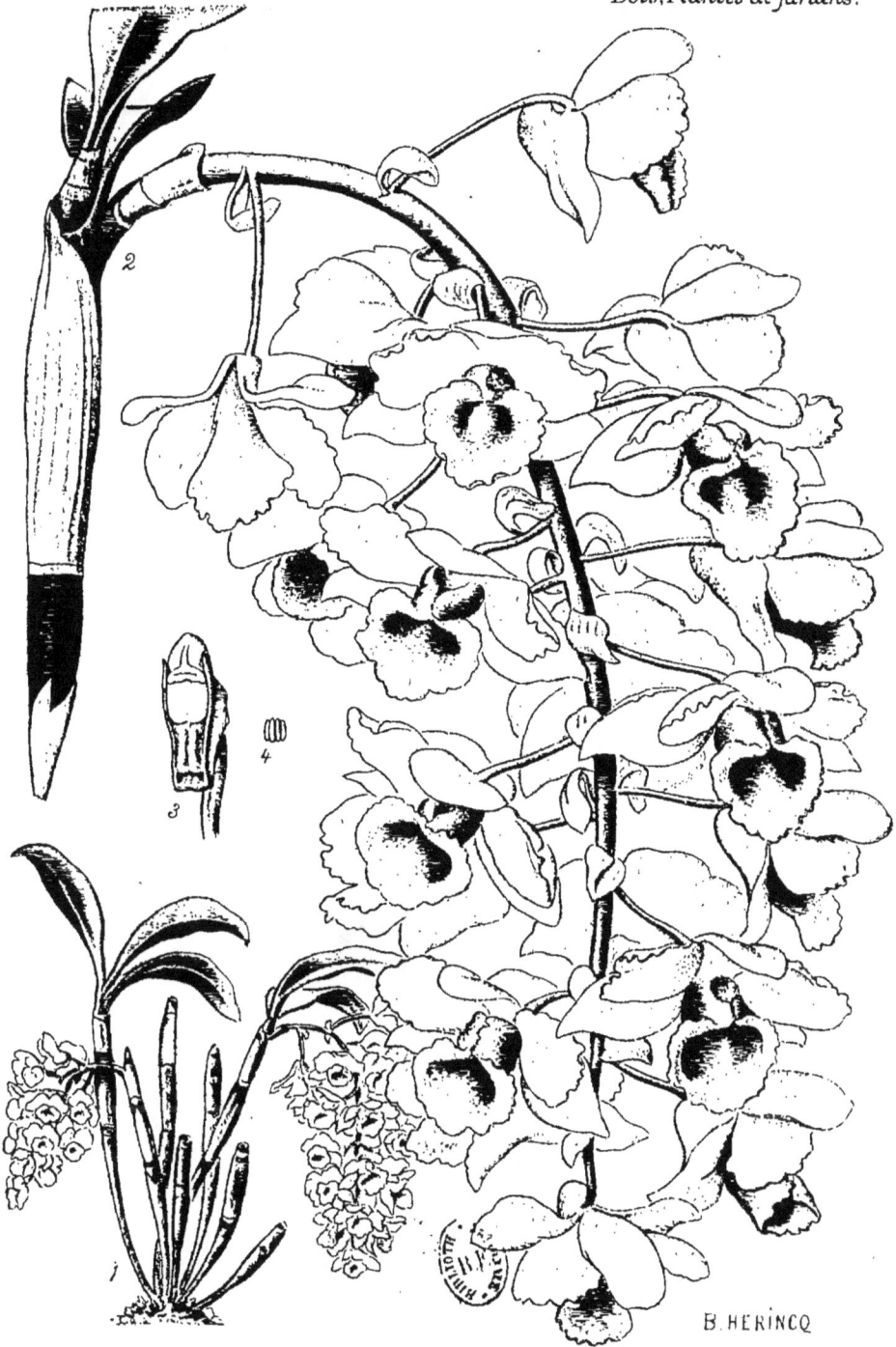

B.HERINCQ

△ *Pl.245.* Dendrobium Farmerii Paxt., var. aureum.

Famille des Orchidées.

⌂ *Pl. 246.* Cattleya labiata Lindl., var. Mossiæ.

Famille des Orchidées.

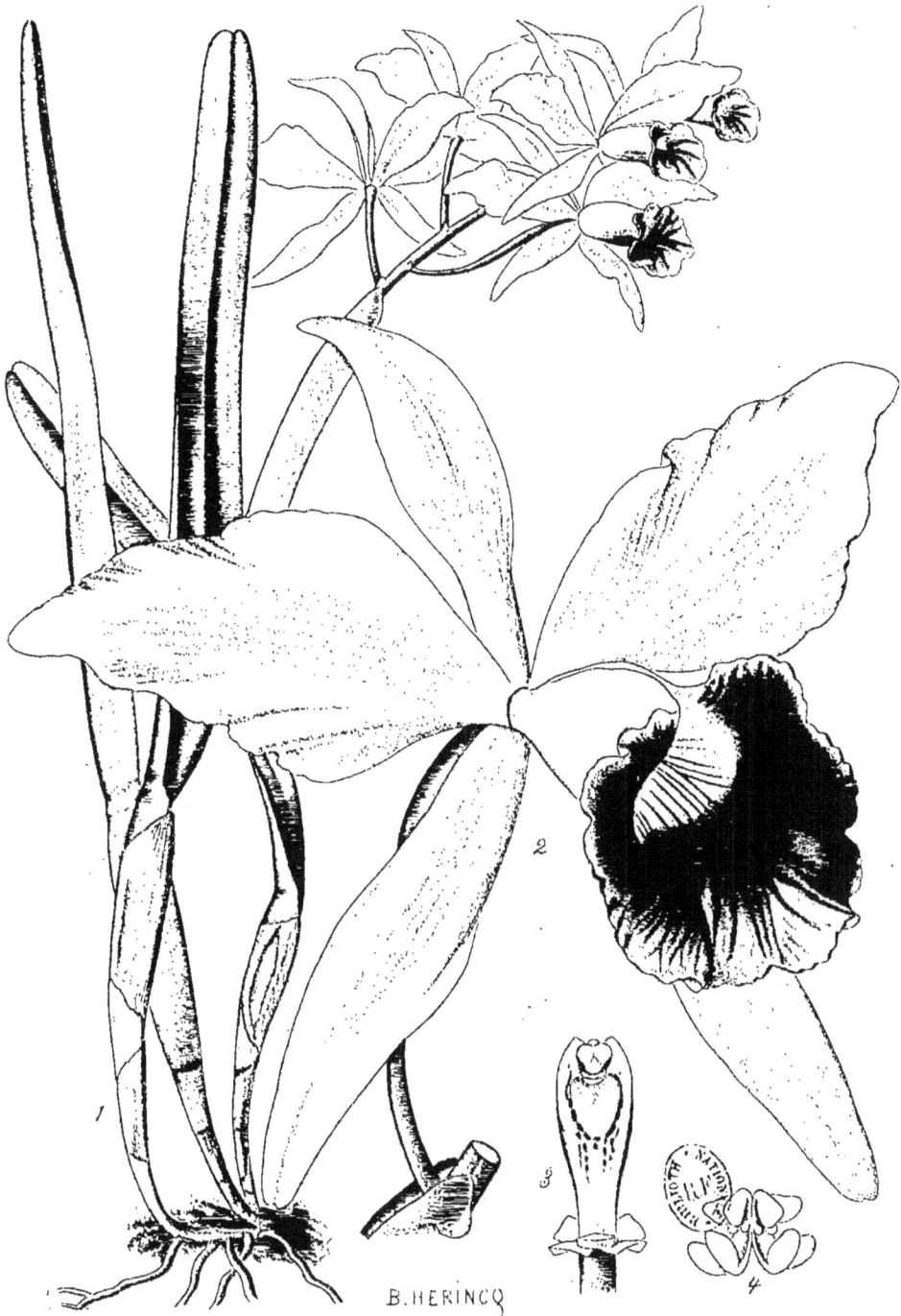

B. HERINCQ

⌂ *Pl. 247.* Lælia purpurata Lindl. et Paxt.

Famille des Orchidées.

△ *Pl. 248. Lycaste de Skinner.*   Lycaste Skinneri Lindl.

Famille des Orchidées.

B. HERINCQ

☖ *Pl. 249.* Odontoglossum crispum Lindl.

*Famille des Orchidée*s.

⌂ *Pl. 250*. Oncidium Forbesii Hook.

Famille des Orchidées.

B. HERINCQ

⌂ *Pl. 251.* Phalænopsis Schilleriana Rchb.f.

Famille des Orchidées.

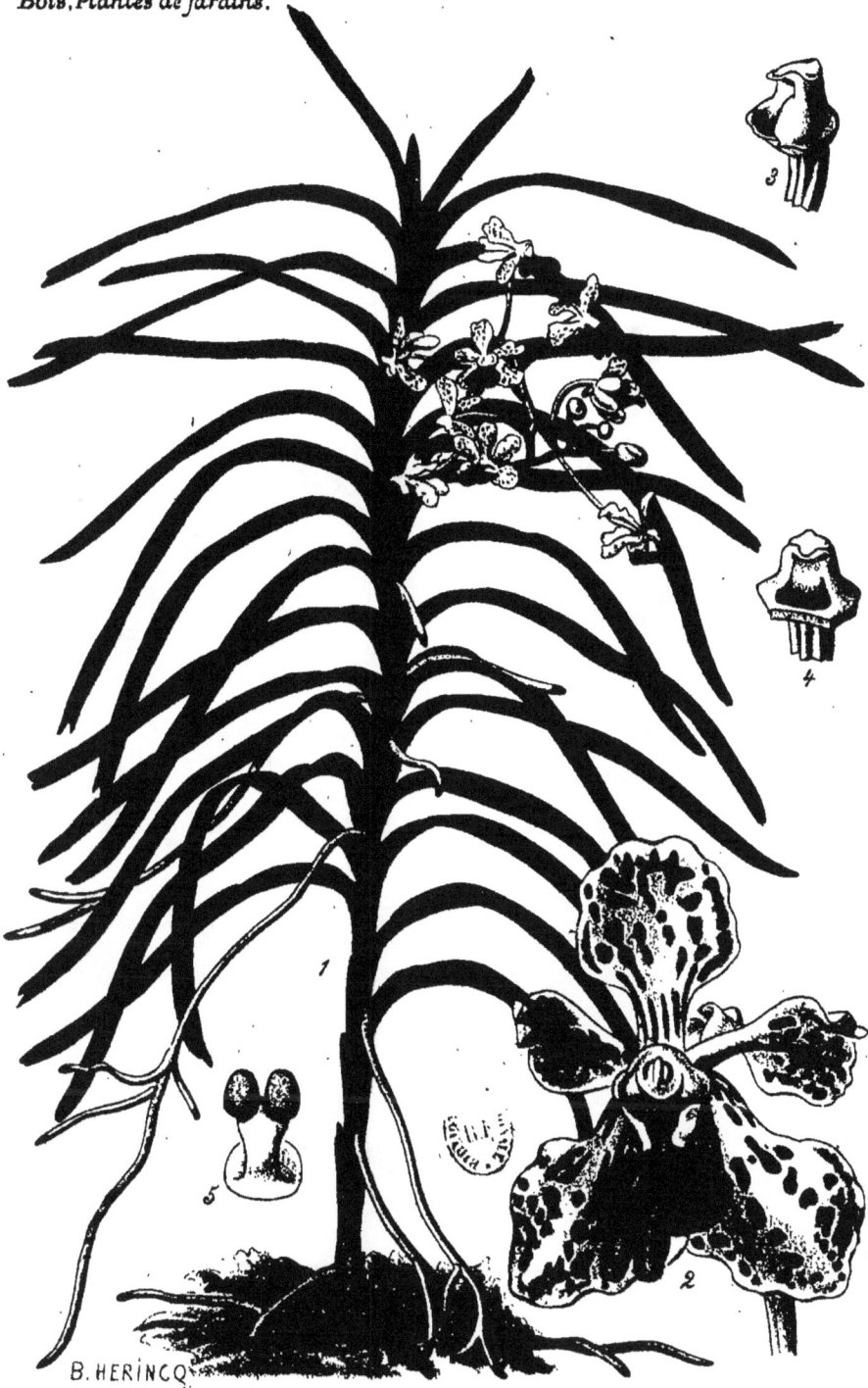

B. HERINCQ

⌂ *Pl. 252*. Vanda tricolor Lindl.

Famille des Orchidées.

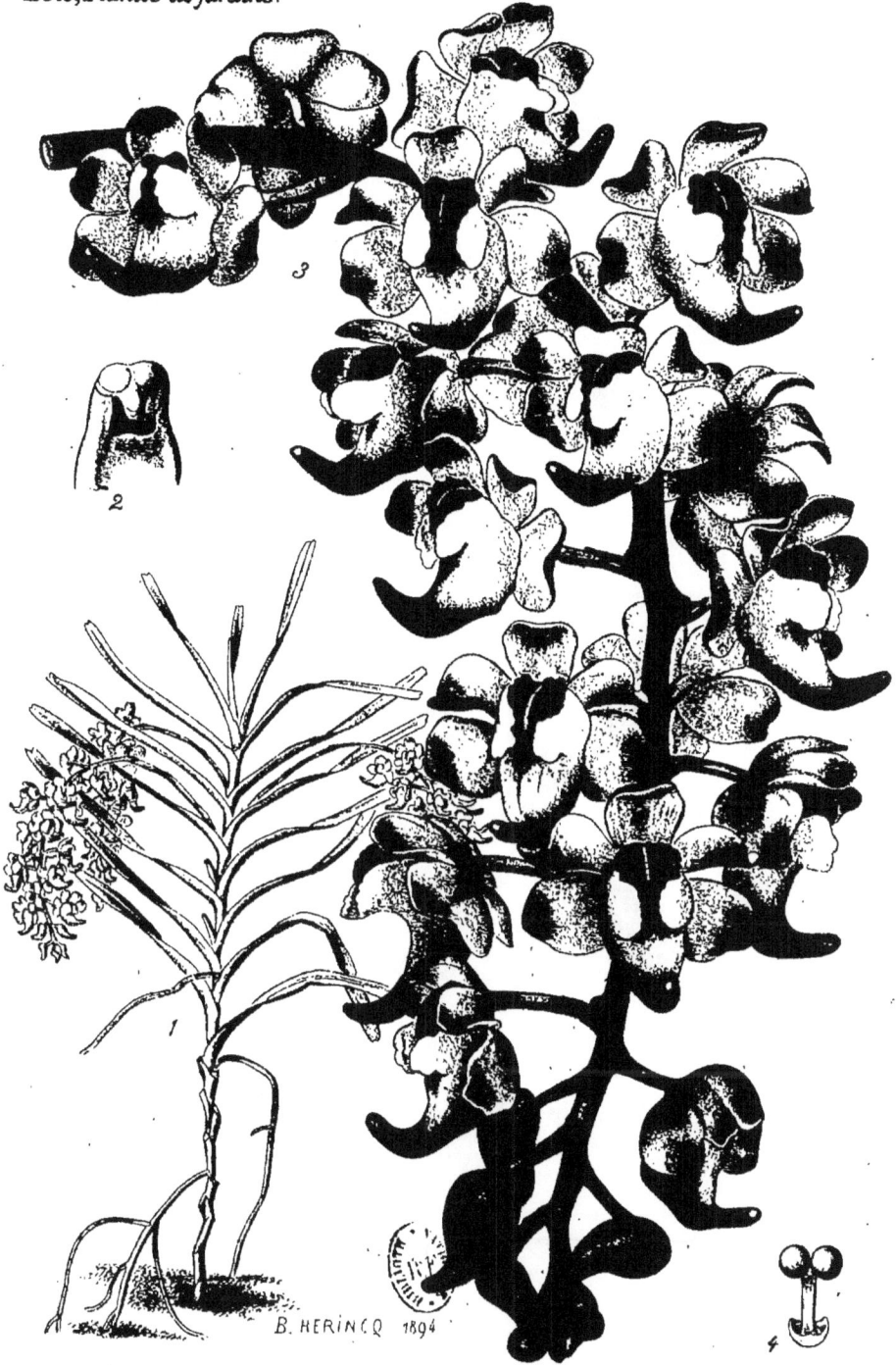

⌂ *Pl. 253.* Aerides Lawrenciæ Rchb. f.

Famille des Orchidées.

Pl. 254. Cypripedium insigne Wall.

Famille des Orchidées.

☖ *Pl. 255. Maranta deKerchove.*
Maranta leuconeura Morr., var. Kerchovei.

Famille des Scitaminées.

☐ Pl. 256. Cannas hybrides à grandes fleurs.

Famille des Scitaminées.

△ *Pl. 257.* Karatas (Nidularium) Carolinæ Antoine.
Famille des Broméliacées.

☖ *Pl. 258.* Æchmea fulgens Brongt.

Famille des Broméliacées.

⌂ *Pl. 259.* Billbergia nutans Wendl.

Famille des Broméliacées.

B. HERINCQ

⌂ *Pl. 260.* Tillandsia (Vriesea) splendens A. Brongt.

Famille des Broméliacées.

Pl. 261. Iris reticulata M.Bieb.

Famille des Iridées.

Pl. 262. *Iris nain.* Iris pumila L.

Famille des Iridées.

Pl. 263. Tigridia. Tigridia Pavonia Ker.

Famille des Iridées.

Pl. 268. A. Safran à fleur jaune. Crocus luteus Lamk.

B. Safran printanier. Crocus vernus All.

Famille des Iridées.

⌂ *Pl. 265. Ixia maculé.* Ixia maculata L.

Famille des Iridées.

Pl. 266. Glaïeul de Gand. Gladiolus gandavensis Hort.

Famille des Iridées.

Pl. 267. A. Jonquille. Narcissus Jonquilla L.
B. Porillon. Narcissus Pseudo-Narcissus L.
Famille des Amaryllidées.

Pl. 268.

A. *Narcisse tout blanc.* Narcissus polyanthos Loisel

B. *Narcisse de Constantinople.* Narcissus Tazetta L.

C. *le même à fleurs pleines.*

Famille des Amaryllidées.

⌂*Pl. 269. Amaryllis pourpre*. Vallota purpurea Herb.

Famille des Amaryllidées.

△ *Pl.270.*

Lis Saint Jacques. Sprekelia (Amaryllis) formosissima Heist.

Famille des Amaryllidées.

Pl. 271.

Clivie écarlate.   Clivia (Imantophyllum) miniata Hort.

Famille des Amaryllidées.

Pl. 272.

Ixiolirion de Pallas. Ixiolirion Pallasii Fisch. et Mey.

Famille des Amaryllidées.

⌂ *Pl. 273 Tubéreuse.* Polianthes tuberosa L.

Famille des Amaryllidées.

⌂ *Pl. 274.*

Aspidistra. Aspidistra elatior Morren et Dcne.

Famille des Liliacées.

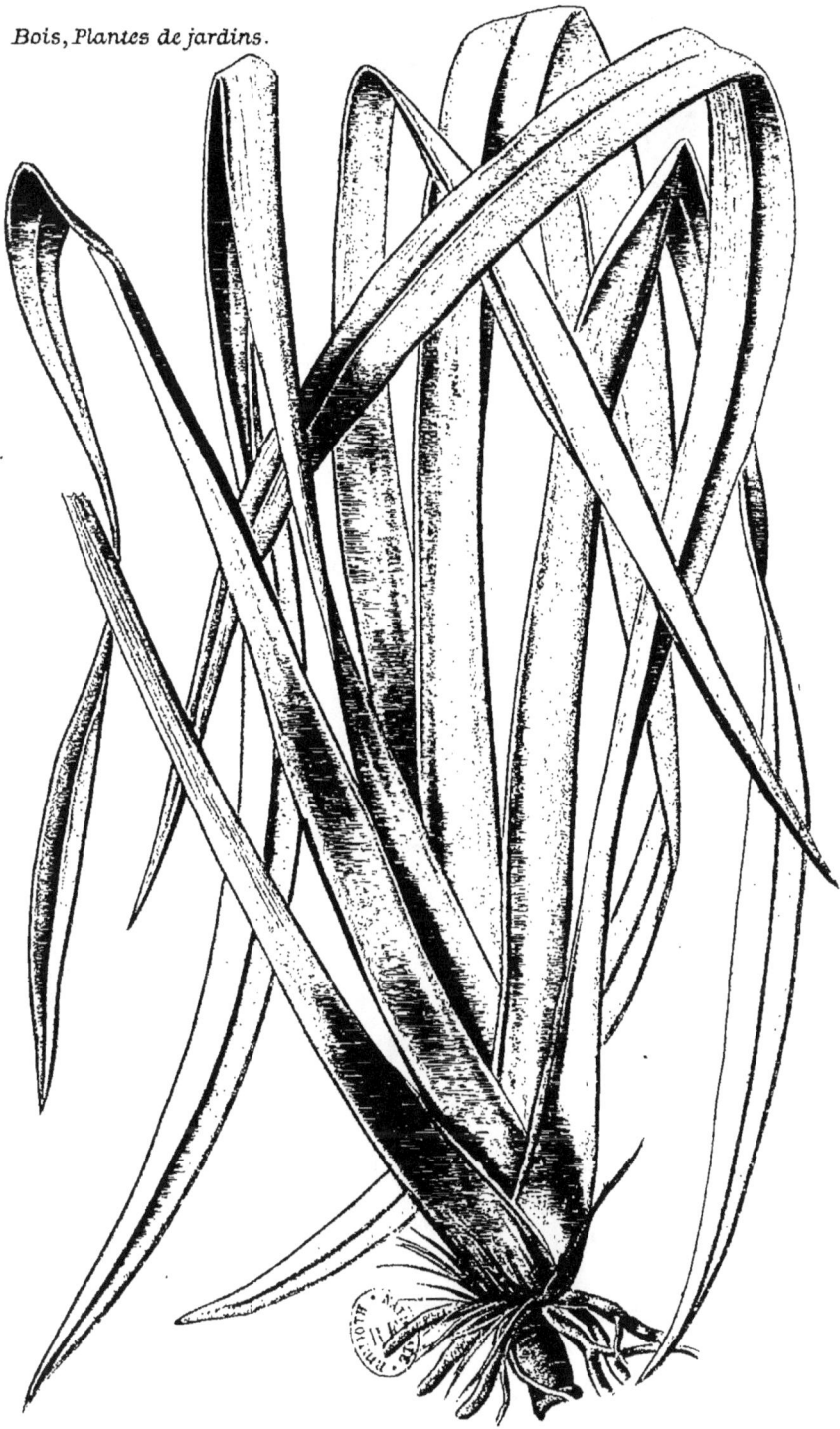

⌂ *Pl. 275. Lin de la N^elle Zélande.* Phormium tenax Forst.

Famille des Liliacées.

Pl. 276. *Hémérocalle bleue.* Funkia ovata Spreng.

Famille des Liliacées.

Pl. 277.

Tritome Faux-Aloès. **Kniphophia (Tritoma) aloides** Mœnch.

Famille des Liliacées.

1

2

△ Pl. 278.

Aloès à feuilles très rudes. Aloe (Gasteria) scaberrima Salm-Dyk.

Famille des Liliacées.

⌂ *Pl. 279. Aloès arborescent.* Aloe arborescens Mill.

Famille des Liliacées.

Pl.280 *Yucca filamenteux*. Yucca filamentosa L

Famille des Liliacées.

⌂ *Pl. 281.*

Dracæna à feuillage coloré. Cordyline terminalis Kunth.

Famille des Liliacées.

Pl. 282.

Agapanthe à ombelle. Agapanthus umbellatus L'Hérit.

Famille des Liliacées.

Pl. 283. *Tritéléia.* Brodiæa (Triteleia) uniflora Benth.

Famille des Liliacées.

Pl. 284. *A. Jacinthe chevelue.* Muscari comosum L.
B. Muscari monstrueux. Muscari comosum L.,
var. monstruosa. *C. Lilas de terre.* Muscari comosum L.,
var. plumosa.

Famille des Liliacées.

Pl. 265. *Jacinthe.* Hyacinthus orientalis.

Famille des Liliacées.

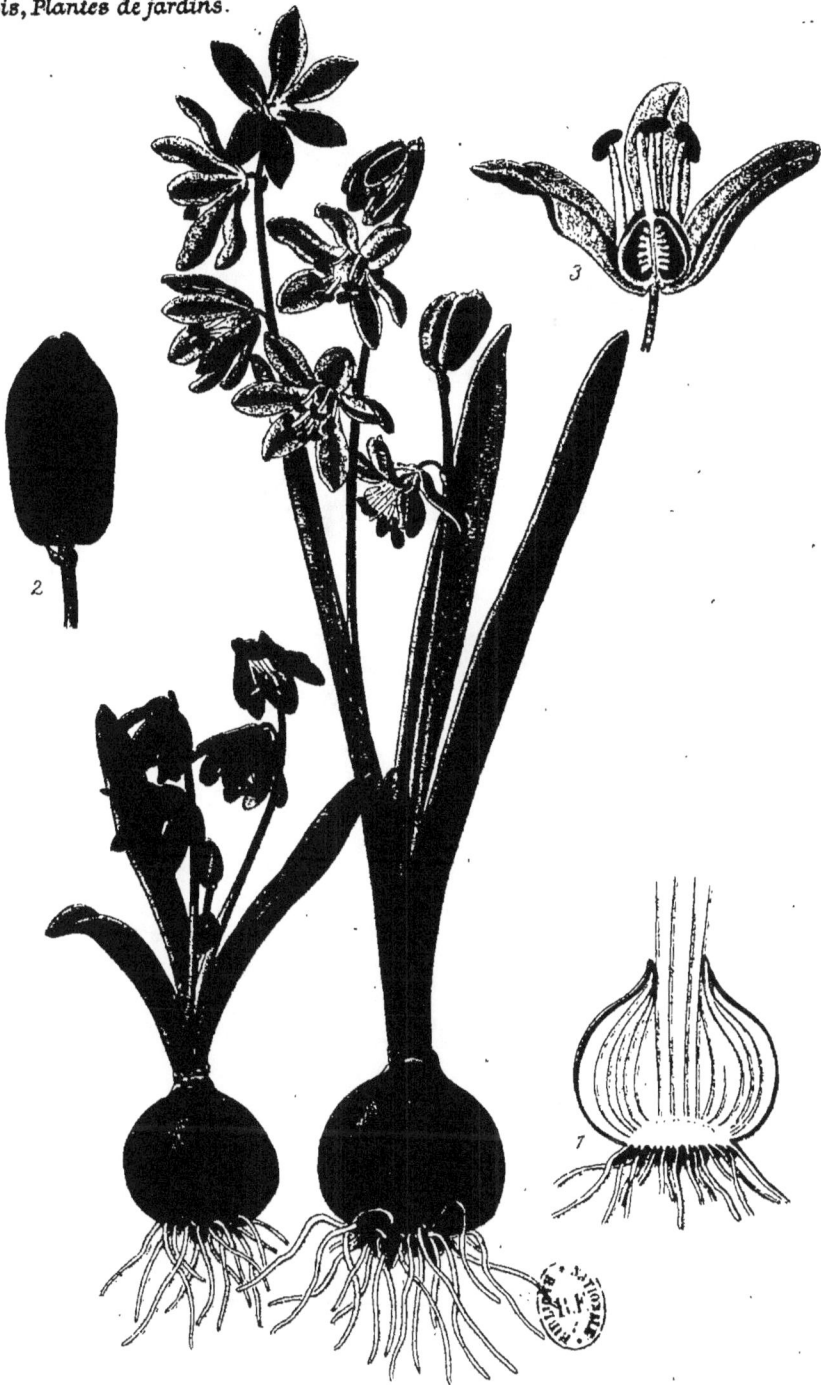

Pl. 286. Scille de Sibérie. Scilla sibirica L.

Famille des Liliacées.

Pl.287. Lis doré du Japon. Lilium auratum Lindl.

Famille des Liliacées.

Pl.288. Lis safrané. Lilium croceum Chaix.

Famille des Liliacées.

Pl. 289. Lis blanc. Lilium candidum L.

Famille des Liliacées.

Pl. 290. *Lis brillant*. Lilium speciosum Thunb.

Famille des Liliacées.

Pl. 291. Damier. Fritillaria Meleagris L.

Famille des Liliacées.

Pl. 299. Tulipe des jardins. Tulipa Gesneriana L.

Famille des Liliacées.

Pl. 293. Tulipe Duc de Thol. Tulipa suaveolens Roth.

. Famille des Liliacées.

Pl. 294. Tulipe Dragonne. Tulipa turcica Roth.

Famille des Liliacées.

Pl. 295. Eichhornie à fleurs bleues.
Eichhornia azurea Knth.

Famille des Pontédériacées.

⌂ Pl. 296.
Kentia de Belmore. Howea Belmoreana Becc.

Famille des Palmiers.

⌂ *Pl. 297. Dattier épineux.* Phœnix spinosa Thonn.

Famille des Palmiers.

☖ *Pl. 298.*

Palmier à chanvre. Trachycarpus excelsus Wendl.

Famille des Palmiers.

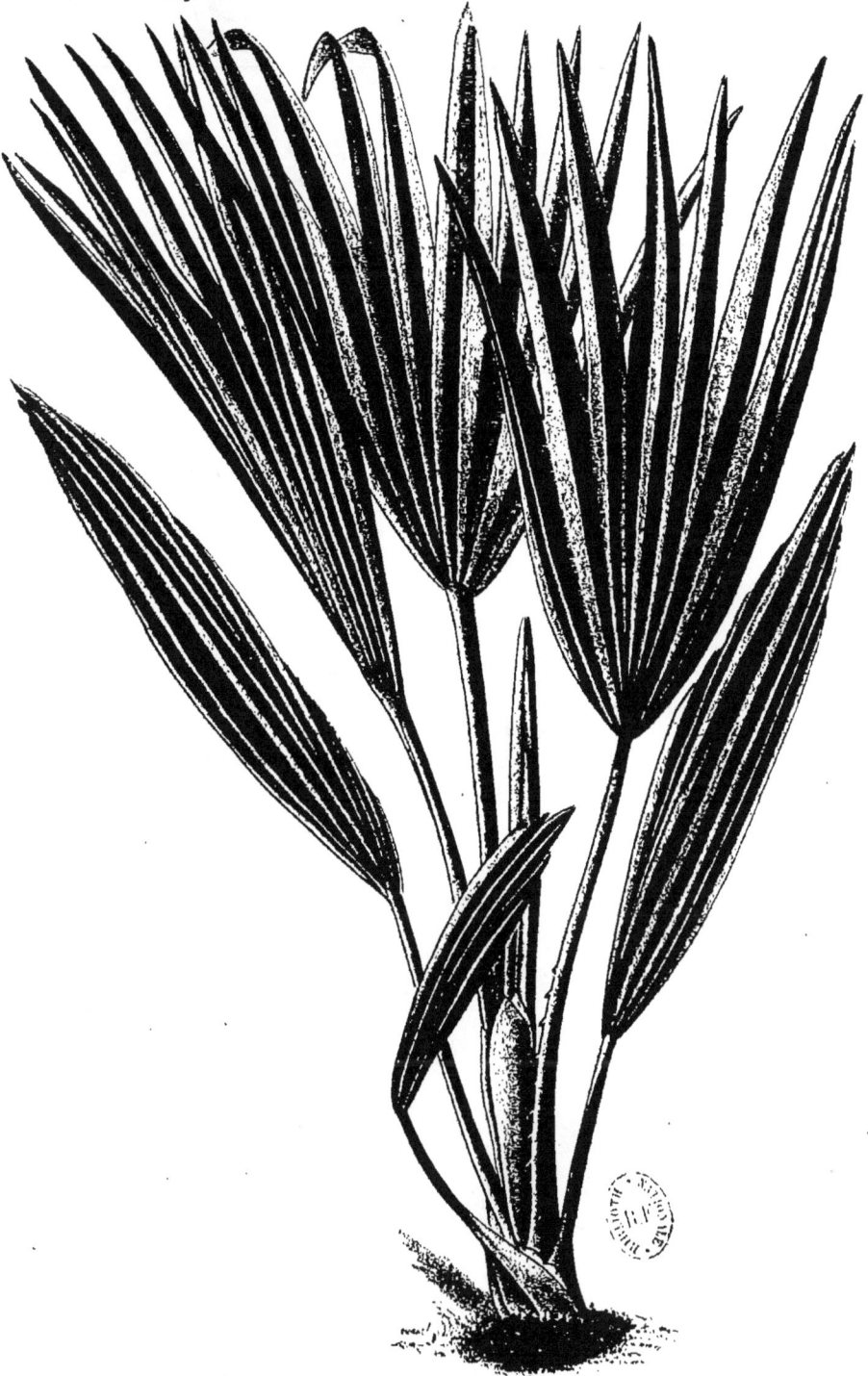

⌂ *Pl.299. Latania*. Livistona sinensis R. Br.

Famille des Palmiers.

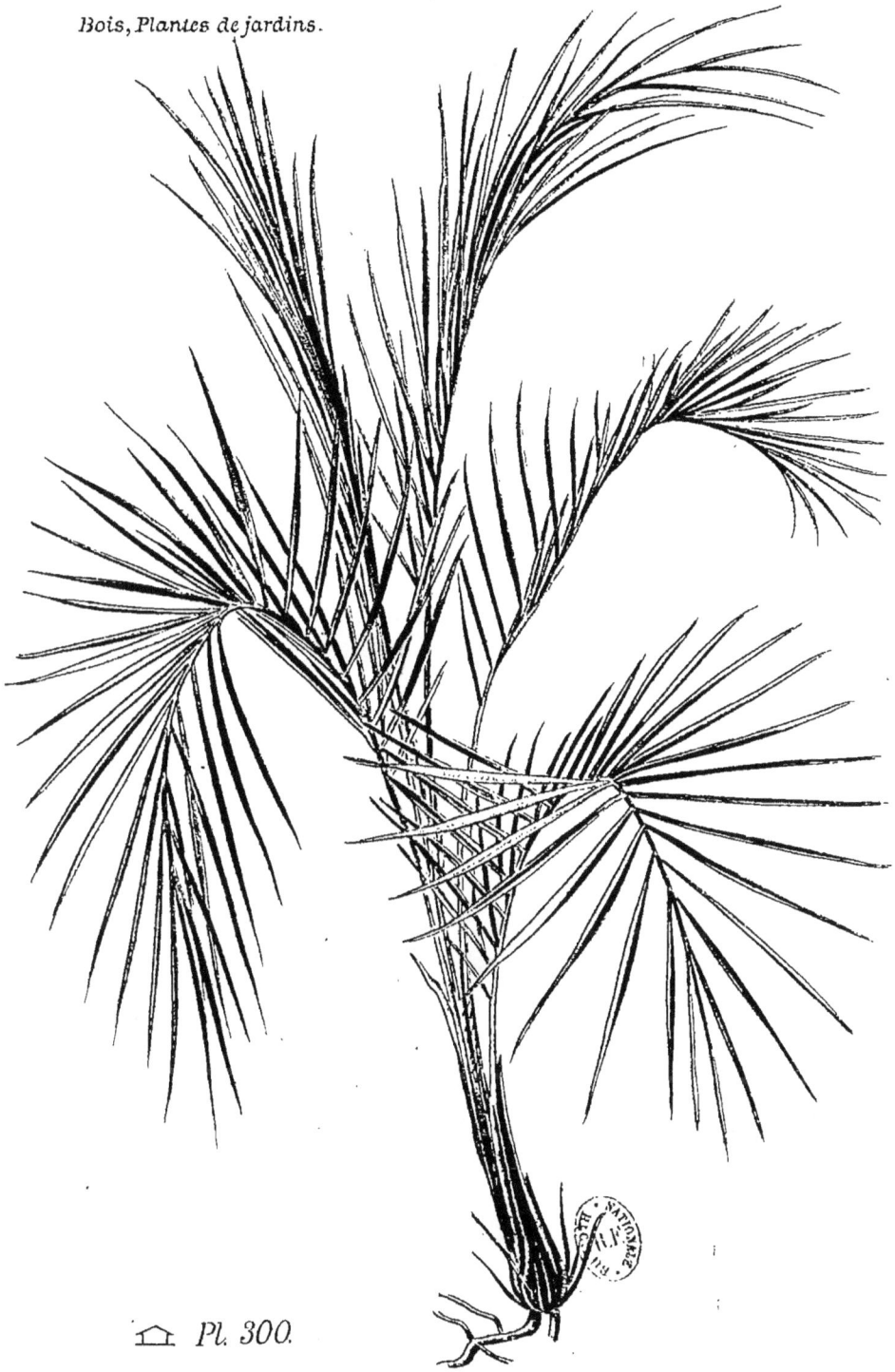

△ *Pl. 300.*

Cocotier de Weddell. Leopoldinia pulchra Mart.

Famille des Palmiers.

⌂ *Pl. 301. Vaquois de Veitch*. Pandanus Veitchi Hort.

Famille des Pandanées.

⌂ Pl. 302. Caladium à feuilles colorées.

Famille des Aroïdées.

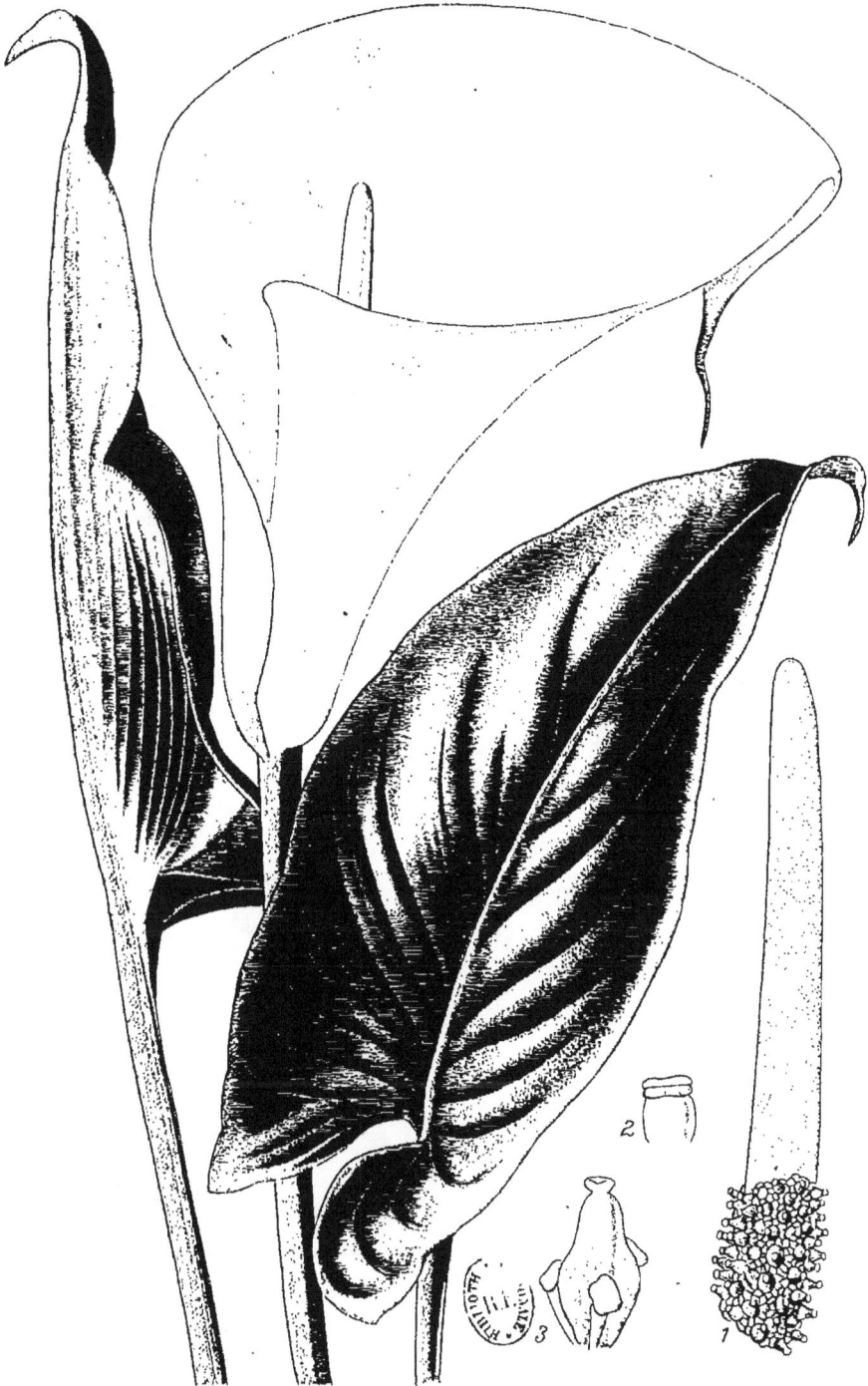

⌂ *Pl. 303.* Richardia africana Knth.

Famille des Aroïdées.

🏠 *Pl. 304.* Anthurium Scherzerianum Schott.

Famille des Aroïdées.

Pl. 305. *Aponogéton à deux épis.*
Aponogeton distachyum Thunb.

Famille des Naïadées.

Pl. 306. Cyperus alternifolius L.

Famille des Cypéracées.

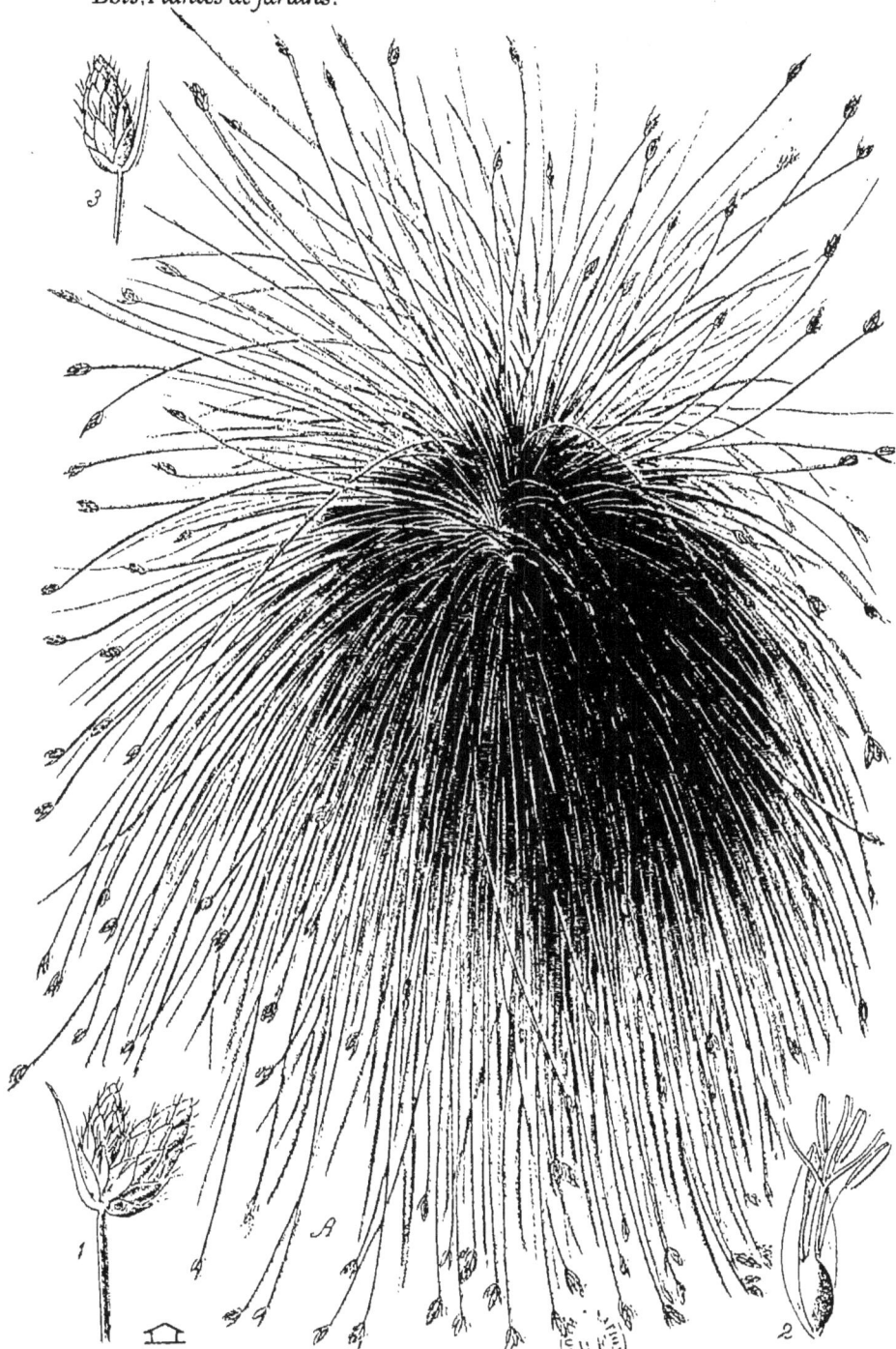

Pl. 307. Chevelure de Nymphe. Scirpus cernuus Vahl.

Famille des Cypéracées.

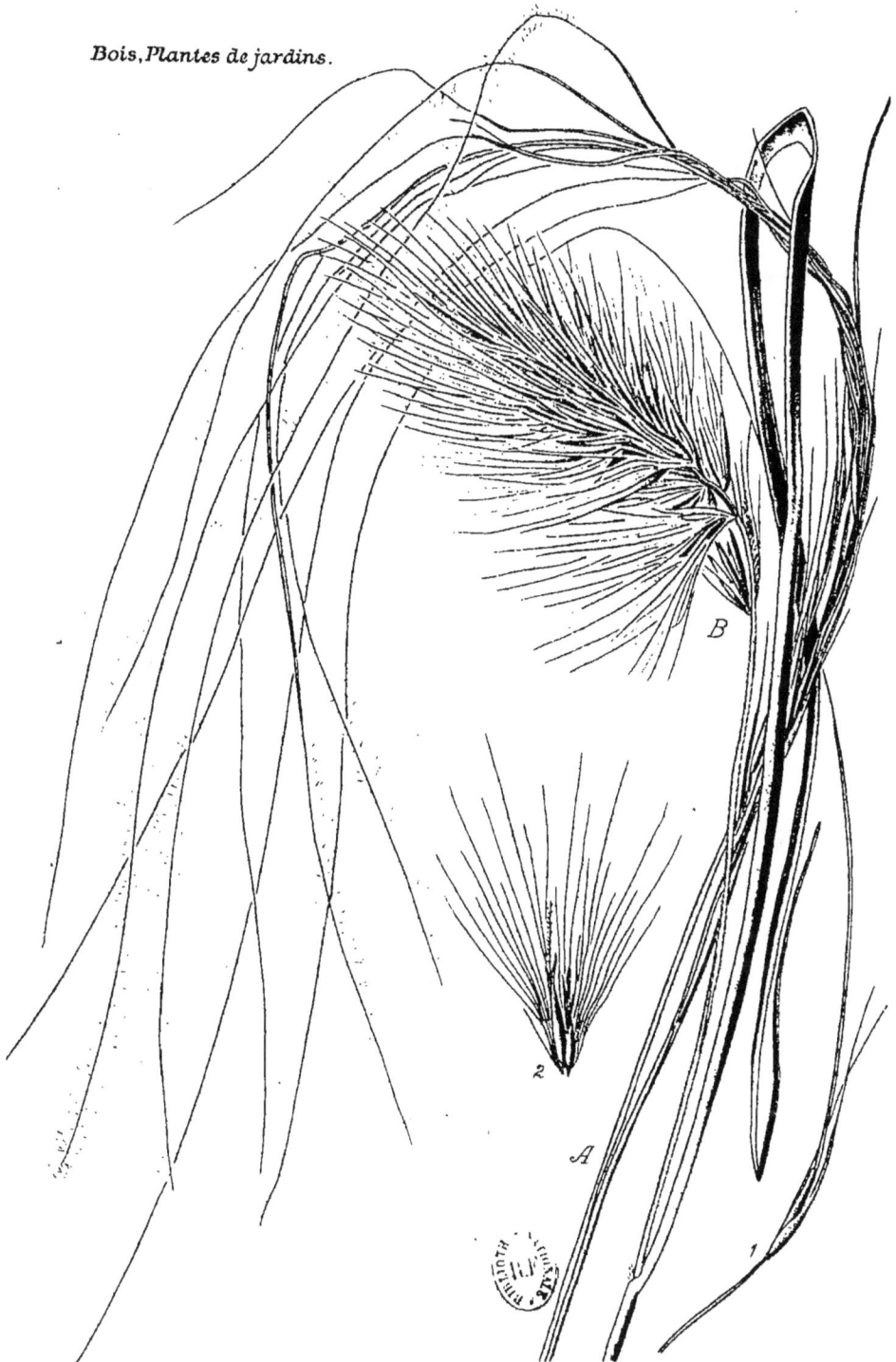

Pl. 308. A. Plumet. Stipa pennata L.
B. Pennisetum longistylum Hochst.

Famille des Graminées.

Pl. 309.

Chiendent panaché. Phalaris arundinacea L., picta.

Famille des Graminées.

Pl. 310. A. Tremblette à gros épillets. Briza maxima L.
B. Gros minet. Lagurus ovatus L.
C. Canche élégante. Aira pulchella Willd.

Famille des Graminées.

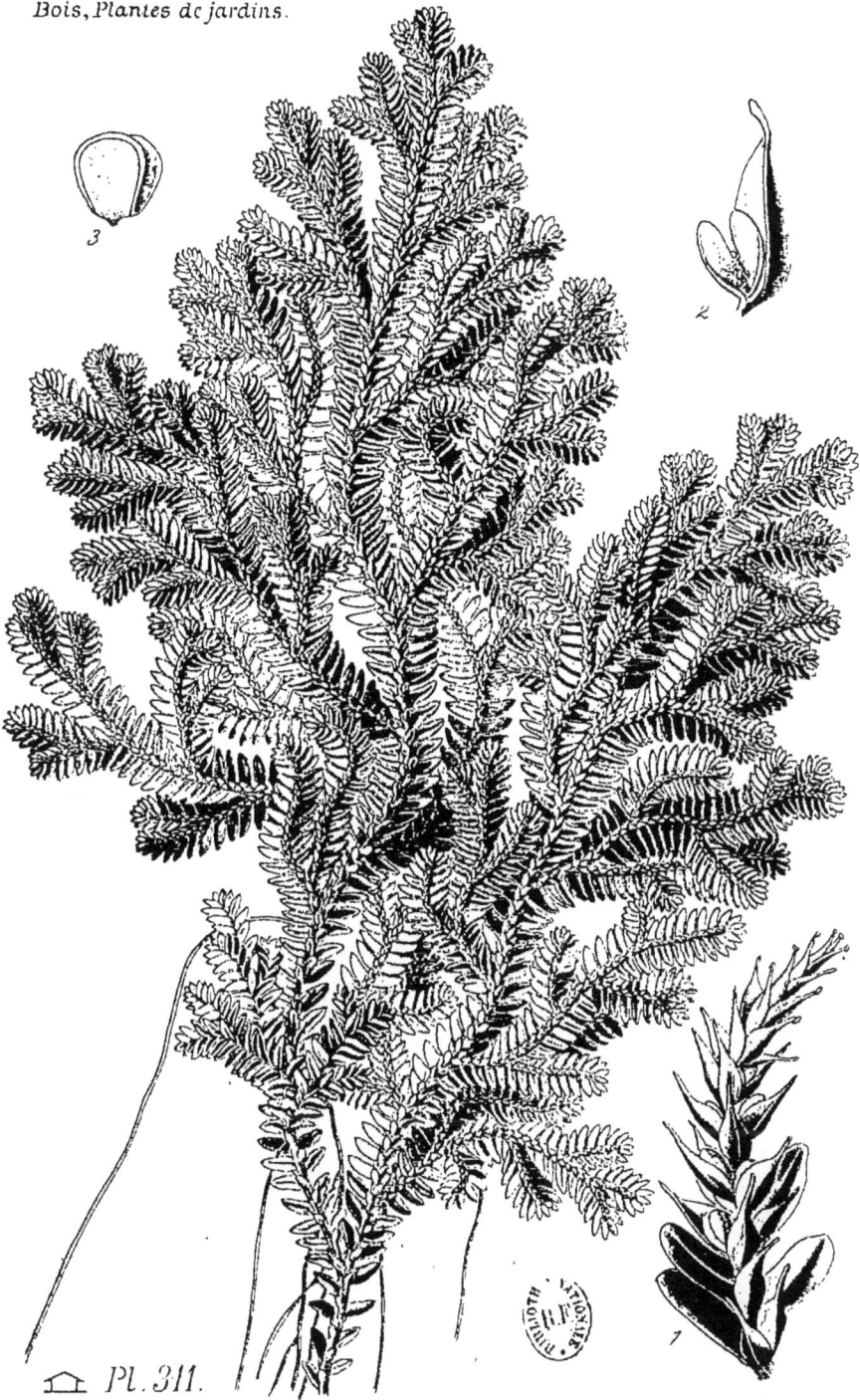

☖ *Pl. 311.*

Lycopode de Martens. Selaginella Martensii Spring.

Famille des Lycopodiacées.

Pl.312. A. Aspidium aculeatum Sw.
B. Aspidium aculeatum var. subtripinnatum.

Famille des Fougères.

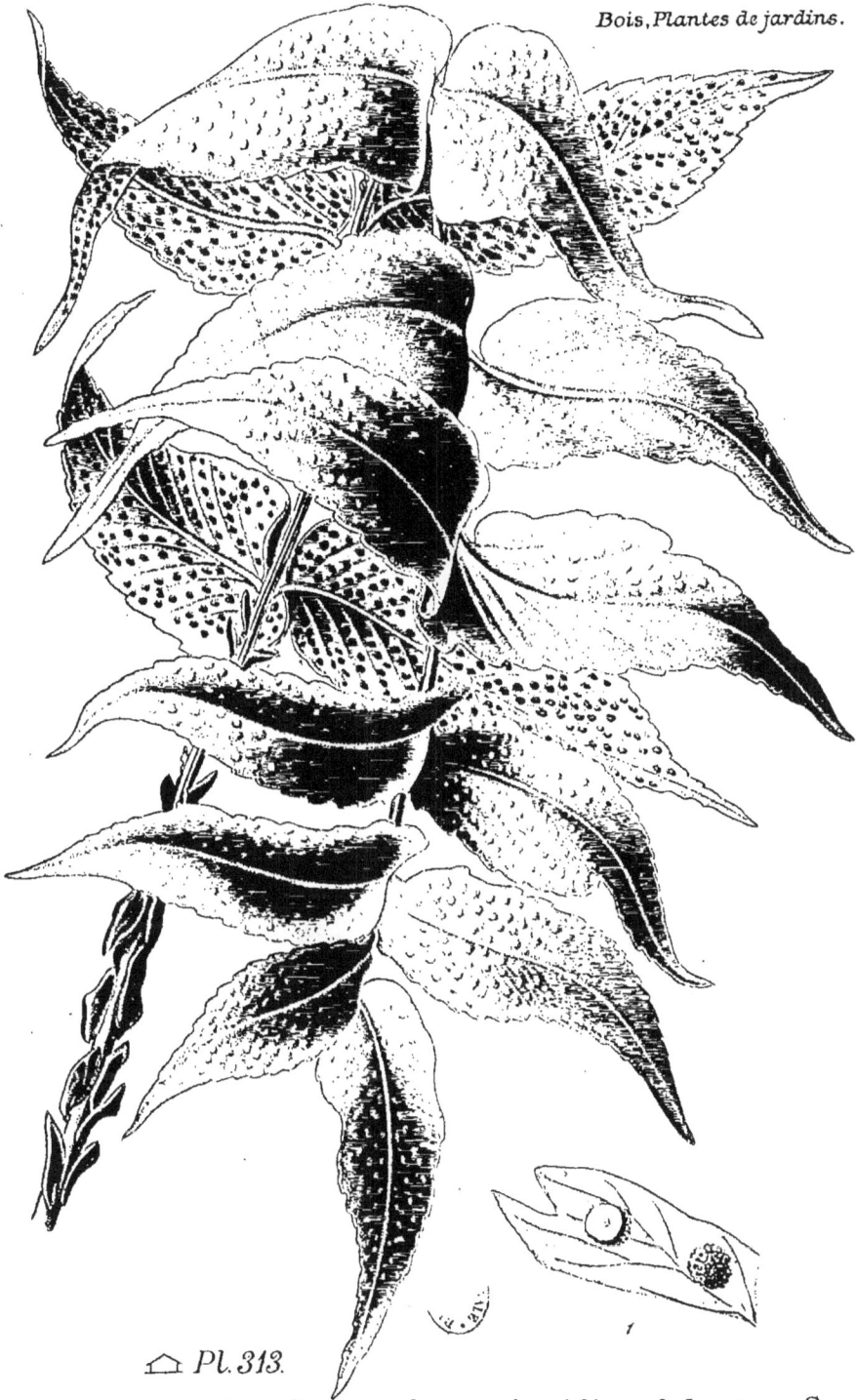

△ *Pl. 313.*

Aspidie à pinnules en faux. Aspidium falcatum Sw.

Famille des Fougères.

⌂ *Pl. 314.* Asplenium Nidus L.

Famille des Fougères.

Pl. 315.

Fougère d'Allemagne. Struthiopteris germanica Willd.

Famille des Fougères.

Famille des Fougères.

i

⌂ *Pl. 317. Ptéride dentelée.* Pteris serrulata L.

Famille des Fougères.

⌂ *Pl. 318.* Adiantum trapeziforme L.

Famille des Fougères.

⌂ *Pl.318. Adiante à feuilles en coin*
Adiantum cuneatum Langsd.et Fisch.

Famille des Fougères.

Famille des Fougères.